揭秘中国·古代四大发明绘本

中国的卓越贡献

ZHONGGUO DE ZHUOYUE
GONGXIAN ZHINANZHEN

李航 编

吉林美术出版社 | 全国百佳图书出版单位

大家应该都知道指南针，这是一种能指示方向的工具。指南针和火药、造纸术、活字印刷术是中国古代的四大发明。

古时候，在指南针还没有出现之前，很多人到了陌生的地方时，经常无法辨认方向，结果迷了路，有时还会造成可怕的后果。

在中国的战国时代，人们在劳动中无意间发现了一种奇特的东西——磁石。

这种天然磁石能吸住一些金属，令人们感兴趣的是，长条形的磁石还能够指示南、北两个方向。

人们决定用天然磁石制造指南工具。于是，他们把磁石打制成勺子的形状，然后放置在底盘上。底盘的四周，还刻上了方向标志。

底盘是铜制的，非常光滑。人们让磁石勺子在底盘上旋转起来。每一次旋转，勺子静止下来后，勺柄都指着正南方向。

这种能够帮助人们正确辨认方向的奇妙器具，被称为“司南”，就是最早的指南针。

战国时候的郑国人经常到远处去采集玉石，有了司南后，他们每次外出采玉都会带上这种工具。

北宋时期，一个叫曾公亮的人主持编纂了著名的军事著作——《武经总要》，其中记录了一种指南工具的制造方法及其应用，这种指南工具就是“指南鱼”。

指南鱼最初是被剪成鱼形的薄铁片。

人们把这种薄铁片放在火中烤烧，使它获得了磁性，和磁石一样，可以指示方向。

然后，人们把鱼形铁片放在碗里的水面上，当它静止下来时，鱼头会指向南边。

除了铁片指南鱼，宋朝人还制造了木刻指南鱼。这种木鱼只有手指大小，腹里是空的，放着磁石，鱼口还插着一根针。人们把木鱼放到水面上，鱼口的针就指向南边。

另外，宋朝还有一种木刻指南龟。这种指南龟的腹里也放着磁石。人们把指南龟放置在竹钉子上，并使它旋转起来，它停下来后，就能指示方向。

指南工具不断地发展、演变。到了南宋时期，又出现了新型的指南工具——在方位盘上安装磁针的旱罗盘和水罗盘。在旱罗盘里，磁针的安装原理和木刻指南龟基本一样。

明

水罗盘的磁针是浮在水面上的。在很长的一段时期内，水罗盘都是中国航海家们的好助手。

明朝时期，郑和奉圣旨率船队下西洋，那时候，他们主要使用水罗盘指引航向。

大约在12世纪末至13世纪初，中国的罗盘传到了阿拉伯，又从阿拉伯传到欧洲。

后来，法国人改进了旱罗盘，并把它安装在配有玻璃罩的容器里，使它更好携带。

指南针的发明，是中国人民对全世界的卓越贡献。

在当代，除了有各种先进的实体指南针外，还有性能更好的电子指南针。

图书在版编目（CIP）数据

中国的卓越贡献 ： 指南针 / 李航编. — 长春 ： 吉林美术出版社, 2023.6
（揭秘中国 ： 古代四大发明绘本）
ISBN 978-7-5575-7866-4

Ⅰ. ①中… Ⅱ. ①李… Ⅲ. ①指南针－技术史－中国－古代－儿童读物 Ⅳ. ①TH75-092

中国国家版本馆CIP数据核字(2023)第012128号